土拨鼠 小牛顿
趣味动物馆

Tu Bo Shu

[加]阿兰·M.贝热龙 米歇尔·坎坦 桑巴尔◎著
[加]桑巴尔◎绘 陈潇◎译

U0297858

中国和平出版社
China Peace Publishing House

The original title of the Work: Savais-tu? Les Marmottes
Author: Alain M. Bergeron, Michel Quintin and Sampar, Illustrator: Sampar
First published by Éditions Michel Quintin, Québec, Canada
Simplified Chinese edition through Beijing GW Culture Communications Co.,Ltd

中国版权登记号：图字：01-2014-1486

图书在版编目（CIP）数据

土拨鼠 / （加）贝热龙，（加）坎坦，（加）桑巴尔著；
（加）桑巴尔绘 ；陈潇译. -- 北京 : 中国和平出版社，
2014.10（2021.5重印）
（小牛顿趣味动物馆）
ISBN 978-7-5137-0874-6

Ⅰ.①土… Ⅱ.①贝… ②坎… ③桑… ④陈… Ⅲ.
①旱獭属—儿童读物 Ⅳ.①Q959.837-49

中国版本图书馆CIP数据核字(2014)第227561号

土拨鼠

（加）阿兰·M.贝热龙 米歇尔·坎坦 桑巴尔 著
（加）桑巴尔 绘　陈潇 译

出 版 人　　林 云
责任编辑　　杨 隽　张春杰
装帧设计　　薛桂萍
责任印务　　魏国荣
出版发行　　**中国和平出版社**
社　　址　　北京市海淀区花园路甲13号院7号楼10层（100088）
发 行 部　　（010）82093832　82093801（传真）
网　　址　　www.hpbook.com
投稿邮箱　　hpbook@hpbook.com
经　　销　　新华书店
印　　刷　　湖北嘉仑文化发展有限公司
开　　本　　880毫米×1230毫米　　1/32
印　　张　　2
版　　次　　2015年8月北京第1版　2021年5月第2次印刷
书　　号　　ISBN 978-7-5137-0874-6
定　　价　　15.00元

给中国读者的话

你知道吗 这套书描绘了一群有点儿不受人欢迎的动物，里面既有漫画场景，又有科学常识。

你知道吗 我们完全可以在开怀大笑的同时学到很多知识。多亏了漫画，让孩子和成年人记得每一页上讲述的科学知识。

你知道吗 我们三人组合都是做爸爸的人。我们在一起合作了15年。

你知道吗 幽默是无国界的。加拿大孩子们觉得好笑的，相信中国的孩子们也会觉得好笑。

你知道吗 当我们得知这套书将被译成中文时，我们既感到骄傲，又觉得不好意思。

你知道吗 对我们来说，孩子们的笑声是最美丽的音乐。

你知道吗 我们非常希望你们能够喜欢这套书。

◆　感谢这套书让 7 岁以上的孩子在学习动物的过程中充满了更多乐趣。

——《书店》（Le LIbraire）杂志

◆　非常有趣！值得一读再读！

——《新闻》（La Presse）杂志

◆　超棒的动物王国小说集！

——《初级教育》（Vivre le primaire）杂志

◆　严谨的动物知识介绍加上趣味横生的对话，相信这套书在让孩子们了解一些动物的同时也会带给他们无限的欢乐。

——中国科学院动物研究所副研究员 张寰

你知道吗？土拨鼠又叫旱獭。全世界有14种土拨鼠，它们都居住在北半球，长得都很相似。

　　你知道吗？这种大型的啮齿动物有一对锋利的门牙，而且这对门牙会持续不断地生长。

你知道吗？土拨鼠是食草动物，主要以植物的根、茎、叶为生，偶尔也会吃些小动物。

你知道吗？土拨鼠一天最多能吃5千克食物。

你知道吗？土拨鼠像兔子一样会吃自己的粪便，二次消化它的食物。

你知道吗？土拨鼠喜欢晒太阳，所以它们多数都在白天活动。

13

　　你知道吗？这种善于掘土的动物住在地下洞穴里。它的洞穴一般由两个洞构成，一个主洞，一个副洞，主洞常有好几个出口。

你知道吗？土拨鼠会在它领地周围挖上好多浅洞，用作紧急情况下的藏身处。

　　你知道吗？土拨鼠总是喜欢选择偏僻的地方打洞。它们非常机警，常常直立着身体，坐在后腿上，随时观察周围的动静。

你知道吗？土拨鼠的视力非常好。它的视野范围有300°。

你知道吗？在遇到危险时，土拨鼠会发出刺耳的口哨声。它这种标志性的口哨声为它赢得了"口哨家"的称号。

你知道吗？一个土拨鼠家族常由十几只土拨鼠构成。这个群体通常包括几只成年土拨鼠和若干小土拨鼠。它们共同生活在一起。

你知道吗？在所有的土拨鼠中，只有居住在北美的一种土拨鼠喜欢独居。

你知道吗？土拨鼠在夏天会大量进食，囤积脂肪，以备度过冬眠期。

　　你知道吗？为了应对严冬的食物紧缺，土拨鼠会冬眠。

你知道吗？当冬天来临的时候，土拨鼠会用草和泥巴从内部堵住洞穴的出入口。如果再加上地面的积雪，整个洞穴会被封得严严实实。

　　你知道吗？土拨鼠是抱成一团睡觉的。用这种姿势睡觉的话，身体的热量不会流失很多。

你知道吗？土拨鼠冬眠的时候，为了尽可能少地消耗能量，它们会减少新陈代谢的速度。它们的体温会从37℃下降到5℃。

你知道吗？在漫长的冬眠过程中，它们的心跳会从1分钟140下变成4下，它们的呼吸会从1分钟16次变成1次，常被误认为它们已经死了。

你知道吗？在冬眠的过程中，土拨鼠也会醒来。它一般会三周醒来一次，进行排泄。这些短暂的时刻需要耗费它整个冬天90%的能量。

你知道吗？当洞穴的温度低于0℃，土拨鼠会醒来，这会加快它们新陈代谢的速度，因此它们会消耗大量的脂肪。

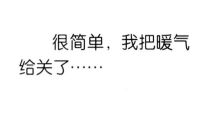

　　你知道吗？对土拨鼠来说，最致命的是严寒少雪的天气。如果积雪太少，就没法遮蔽它的洞穴用以保温。

你知道吗？在北美，每年2月，人们会庆祝"土拨鼠节"。根据传统，土拨鼠出洞时，

如果它看到了自己的影子，那就预示着春天会
晚点儿到来。

你知道吗？在春天，当土拨鼠从冬眠中醒来，它们的体重会较冬眠前减轻一半。

　　你知道吗？土拨鼠在冬眠期间身体的变化使它们成为众多医生研究的对象。

你知道吗？在春天，当土拨鼠从冬眠中醒来，它们会进入繁殖期。

你知道吗？在孕育了一个月之后，雌土拨鼠会生下6~8只幼仔，有时候一胎还可能有12只。

你知道吗？小土拨鼠出生的时候全身光溜溜的，双眼紧闭，没有牙齿。从第六个星期开始，它们的身上会长毛，然后可以走出洞穴去探险。

　　你知道吗？人类捕捉土拨鼠的原因有三个，一是为了它们的皮毛和肉，二是为了减少它们对农作物带来的伤害，三是它们还是鼠疫的重要传染源。它们提防人类的同时还得当心郊狼、狐狸和老鹰。

本系列都有哪些？

《恐龙》　《老鼠》　《食人鱼》　《鳄鱼》　《鬣狗》

《蚂蟥》　《蟾蜍》　《蛇》　《乌鸦》　《袋獾》

《蝎子》　《变色龙》　《海鸥》　《章鱼》　《螳螂》

《巨蜥》　《海鳗》　《土拨鼠》　《蝙蝠》　《犀牛》

《老虎》　《狐狸》　《猫头鹰》　《狮子》　《蜘蛛》

《秃鹫》　《跳蚤》　《鳗鲡》　《白蚁》　《鼹鼠》